Bibliografische Information der Deutschen Nationalbibliothek:

Die Deutsche Bibliothek verzeichnet diese Publikation in der Deutschen National-bibliografie; detaillierte bibliografische Daten sind im Internet über http://dnb.d-nb.de/ abrufbar.

Impressum:

Copyright © 2006 GRIN Verlag
Druck und Bindung: Books on Demand GmbH, Norderstedt Germany
ISBN: 9783638926416

Dieses Buch bei GRIN:

https://www.grin.com/document/60742

Yvonne Buchenau

Unterrichtseinheit: Wir lösen und nutzen das Geheimnis des Malifanten! (2. Klasse)

GRIN Verlag

GRIN - Your knowledge has value

Der GRIN Verlag publiziert seit 1998 wissenschaftliche Arbeiten von Studenten, Hochschullehrern und anderen Akademikern als eBook und gedrucktes Buch. Die Verlagswebsite www.grin.com ist die ideale Plattform zur Veröffentlichung von Hausarbeiten, Abschlussarbeiten, wissenschaftlichen Aufsätzen, Dissertationen und Fachbüchern.

Besuchen Sie uns im Internet:

http://www.grin.com/

http://www.facebook.com/grincom

http://www.twitter.com/grin_com

Studienseminar für das Lehramt für die Primarstufe

Arnsberg

Schriftliche Unterrichtsplanung für den 5. Unterrichtsbesuch

in Mathematik am 13. Juni 2006

Name LAA:	Yvonne Buchenau	**Klasse:**	2b
Adresse:	...	**Fach:**	Mathematik
	...	**Zeit:**	7:50 – 8:35 Uhr
Telefon:	...		
	...	**Mentorin:**	Frau ...
E-M@il:	...	**Ausbildungs-**	
Schule:	Heinrich-Knoche-Schule	**koordinatorin:**	Frau ...
	...	**Schulleiter:**	Herr ...
	...	**Hauptseminarleiter:** Herr ...	
	...	**Fachleiterin:**	Frau ...

Thema der Unterrichtsreihe:

Wir lösen und nutzen das Geheimnis des Malifanten! - Durch den problemorientierten Umgang mit dem operativen Aufgabenformat „Malifanten" festigen die Schülerinnen und Schüler ihre Kenntnisse über die verschiedenen Rechenverfahren im Zahlenraum bis 100 (und darüber hinaus) und erhalten einen beispielhaften Zugang zum Distributiv-Gesetz, indem sie sich mit der Bedeutung der Fußzahl der Malifanten beschäftigen.

Aufbau der Unterrichtsreihe:

1. *Wir lernen die Malifanten kennen.* – Indem die Schülerinnen und Schüler einfache Malifanten (die Randzahlen sind bekannt) kennen lernen und diese eigenständig lösen, setzen sie sich mit dem operativen Aufgabenformat auseinander und vertiefen ihre Rechenfertigkeit der Multiplikation und Addition.

2. *Wir berechnen Malifanten.* – Indem die Schülerinnen und Schüler mittelschwere Malifanten (die Randzahlen sind nicht alle bekannt) eigenständig lösen, wiederholen sie die Regeln des Malifanten, erweitern ihre Rechenfertigkeit der Multiplikation und Addition (sowie deren

Umkehrungen) und erarbeiten gemeinsam durch Reflexionsgespräche mehrere Lösungsstrategien.

3. **Wir entdecken das Geheimnis der Malifanten. – Indem sich die Kinder mit dem Problem beschäftigen, die Bedeutung der Fußzahl als Kontrollmöglichkeit zu entdecken, vertiefen sie die Regeln unter intuitiver Anwendung des Distributiv-Gesetzes.**

4. *Wir nutzen das Geheimnis beim Lösen schwieriger Malifanten.* – Anhand verschiedener Schwierigkeitsgrade der Malifanten erweitern die Kinder in Einzelarbeit ihre gewonnenen Kenntnisse über die Fußzahl, um eigene Malifanten zur Festigung des Gelernten zu erstellen.

Thema der Stunde:

Siehe 3. Unterrichtseinheit

Schwerpunktziel der Stunde:

Die Schülerinnen und Schüler entdecken in Einzelarbeit, dass sich die Fußzahl aus der Multiplikation der Summen der Zeilen- bzw. Spaltenrandzahlen ergibt, indem sie Malifanten mit unterschiedlichen Niveaus berechnen, untersuchen und auf neue Malifanten übertragen.

Teilziele der Stunde:

Im Rahmen der **Sachkompetenz** sollen die Schülerinnen und Schüler:
- die Tabelle des Malifanten lesen und bearbeiten.
- durch die Wahl einer passenden Grundrechenart in ihrer Flexibilität im Rechenprozess geschult werden und dadurch ihre Fertigkeiten und Kenntnisse bzgl. der Rechenverfahren festigen.
- erkennen, dass die Fußzahl als Kontrollmöglichkeit zu nutzen ist.
- die Wege ihre Erarbeitungen und Überlegungen verbalisieren können, indem sie bekannte Begriffe der mathematischen Fachsprache verwenden.

Im Rahmen der **Selbst- und Methodenkompetenz** sollen die Schülerinnen und Schüler:
- den Aufbau und die Regeln des Malifanten beim Lösen beachten.
- ihr Problemlöseverhalten und ihre Lösungsstrategien weiterentwickeln, indem sie sich dem Problem stellen und sich mit den Fragen auseinandersetzen.
- sich darin üben, ihren Leistungsstand realistisch einzuschätzen, indem sie aus differenzierten Arbeitsblättern ein Angemessenes auswählen.

- im problemorientierten Umgang mit den differenzierten Arbeitsblättern entscheiden, wie sie auf eine Lösung kommen, indem sie durch ein aktiv-entdeckendes Vorgehen bekannte Kenntnisse und Strategien anwenden.
- ihre Fähigkeiten zum selbstständigen Arbeiten erweitern, indem sie sich bemühen, sinnvolle Erklärungen zu finden und zu testen.
- ihre Lösung in der Reflexion kritisch hinterfragen.

Im Rahmen der **Sozialkompetenz** sollen die Schülerinnen und Schüler:

- sich im Gesprächskreis gegenseitig zuhören und sich an die Gesprächsregeln halten.
- Denkwege anderer zulassen und annehmen.
- sorgfältig und selbständig ihre Ergebnisse vergleichen.

Fachliche Analyse des Unterrichtsgegenstandes (Sachanalyse):

Elemente	Beziehung zwischen den Elementen
Malifanten[1]	Ein Malifant ist ein Übungsformat, entspringend aus dem Malkreuz[2] (nach Radatz) oder dem Tabula rasa[3] (nach Wittmann), das die Bearbeitung von Multiplikations- und Additionsaufgaben (bzw. Divisions- und Subtraktionsaufgaben) in Tabellenform ermöglicht. Ein leichter Malifant (die Randzahlen sind vorgegeben) besteht aus zwei Randzahlen in der linken Spalte (a und b) und zwei Randzahlen in der oberen Zeile (c und d). Diese werden unter Einhaltung der Multiplikationstabellen-Regeln (Spaltenzahlen $\cdot$ Zeilenzahlen) multipliziert ($a\cdot c$, $a\cdot d$, $b\cdot c$ und $b\cdot d$) und die Ergebnisse unter systematischer Anordnung in die mittleren Kästchen geschrieben. Diese Ergebnisse werden nun pro Spalte und Zeile addiert und notiert. Die sich daraus ergebenden Summen der zwei Zeilenergebnisse
Fußzahl	($a\cdot c+a\cdot d$ sowie $b\cdot c+b\cdot d$) und der zwei Spaltenergebnisse ($a\cdot c+b\cdot c$ sowie $a\cdot d+b\cdot d$) werden wiederum addiert. Sie bilden die Fußzahl, mit welcher der Malifant nun gelöst ist. Die Fußzahl ist somit durch die Summe der beiden Zeilenergebnisse $(a\cdot c+a\cdot d)+(b\cdot c+b\cdot d)$ und/ oder durch die Summe der beiden Spaltenergebnisse $(a\cdot c+b\cdot c)+(a\cdot d+b\cdot d)$ zu lösen. Diese Summen müssen gleich sein, welches im Folgenden begründet
Distributiv-Gesetz	wird. Die Ermittlungen der Spalten- bzw. Zeilenergebnisse unterliegen dem Distributiv-Gesetz. Es regelt die Verträglichkeit zwischen Addition und Multiplikation. Die Bestimmung größerer Produkte wird durch geeignetes Zerlegen erlaubt. So gilt zum Beispiel für die Summe der ersten Zeile auch: $a\cdot c+a\cdot d = a\cdot(c+d)$. Die Fußzahl kann, neben dem zuvor beschriebenen Rechenweg, auch durch das Distributiv-Gesetz berechnet werden, da sich dieses aus den Summen der Zeilen- oder Spaltenergebnissen ergibt: $a\cdot c+a\cdot d+b\cdot c+b\cdot d=\mathbf{(a+b)\cdot(c+d)}=a\cdot c+b\cdot c+a\cdot d+b\cdot d$. Man könnte den Malifanten somit am einfachsten durch die

---

[1] vgl. Huttner, D.
[2] vgl. Radatz, H. / Schipper, W. / u.a., S. 92 und 103f..
[3] vgl. Wittmann, E. Ch. & Müller, G., S.135f..

	Multiplikation der Summen der Spalten- und Zeilenrandzahlen lösen, ohne zuvor die Multiplikationsaufgaben separat zu bearbeiten. Damit dient die Fußzahl als Kontrollhilfe der gesamten Einzelergebnisse. Falls diese nicht übereinstimmt, muss ein Fehler in mindestens einem Teilprodukt bzw. einer Teilsumme vorliegen.
Umkehrungen	Sind bei einem Malifanten nun nicht alle Randzahlen vorgegeben, so müssen diese durch die Umkehroperationen der Multiplikation (=Division) und der Addition (=Subtraktion) gelöst werden.
Differenzierte Strukturen des Malifanten	Durch die Beschaffenheit des Formats gibt es zwei Schwierigkeitsstufen. Auf der einfachsten Stufe muss der Malifant nach den oben beschriebenen Regeln ausgefüllt werden, ohne dass dazu weitere Strategien notwendig sind. Sobald Randzahlen fehlen, müssen sich die Kinder jedoch Strategien zum Lösen überlegen und anwenden. Daher werden diese Aufgaben schwieriger. Sie müssen sich Umkehr- bzw. Tauschoperationen bedienen, um die Randzahlen zu bestimmen. Hierbei müssen viele kognitive Operationen durchgeführt und das Probieren systematisiert werden. Die schnellste Strategie wäre, die fehlenden Randzahlen zu bestimmen, um dann fehlende Ergebnisse zu lösen.

Didaktische Schwerpunktsetzung:

Aussagen des LP

Das Thema der heutigen Stunde ist die vertiefende Auseinandersetzung mit der Fußzahl des Malifanten. Die Aktivitäten zum Lösen des Malifanten gehören zum Bereich der Arithmetik. Die Malifanten ermöglichen Vorstellungen der Operationen im Zahlenraum bis 100 (und darüber hinaus) zu erweitern, da sie die Multiplikation und die Addition zweistelliger Zahlen mit seinen Umkehrungen, der Division und der Subtraktion, beinhaltet. Die Kinder können bei diesem Übungsformat unterschiedliche Rechenstrategien entwickeln, beschreiben und dabei Zahlbeziehungen und Rechengesetze (hier das Distributivgesetz) für vorteilhaftes Rechnen ausnutzen.[4]

Funktion des Arbeitsmittels

Das Übungsformat setzt stetiges und systematisches Üben voraus. Durch das Bearbeiten sollen Einsicht erzielt und Entdeckungen ermöglicht werden. Die Kinder werden durch differenzierte Arbeitsblätter angeleitet, eine weitere Entdeckung zur Ermittlung der Fußzahl zu machen. Dabei gehen sie spielerisch-kreativ mit Zahlen um. Die Freude am Denken wird durch die problemorientierte Vorgehensweise unterstützt.

Gegenwarts-bezug

Durch die Auseinandersetzung mit der Aufgabenstellung, nehmen sich die Schüler dem Problem an und finden das Geheimnis der Fußzahl. Dabei können sie das Zahlenrechnen individuell anwenden. Durch das Lösen mittelschwerer Malifanten wird die Fertigkeit des Rechnens mit allen vier Grundrechenarten geschult. Diese wenden die Schüler flexibel und sicher an. Zugleich ist diese Rechenfertigkeit verbindliche Anforderung für den Übergang in Klasse 3. Somit ist der Unterrichtsgegenstand für die Gegenwart der Kinder von großer Bedeutung.

Zukunftsbezug

Die Arbeit mit problemorientierten Fragestellungen ermöglicht die Entwicklung problemlösenden Denkens. Gesetze, Beziehungen und Verknüpfungen, die bei der Entstehung der Fußzahl eines Malifanten greifen, werden aufgedeckt. Diese ermöglichen den Schülern, ihre mathematischen Fähigkeiten auszubauen und zukünftige Problemstellungen zu verstehen, sich ihnen zu stellen und zu lösen. Des weiteren bietet das Übungsformat vielfältige Möglichkeiten der Wiederholung und Festigung der erlernten Rechenverfahren. Darüber hinaus wird der Umgang mit der mathematischen Darstellungsform der Tabelle vertiefend geübt und das Rechnen mit dem Malkreuz vorbereitet. Aus diesen Gründen weist der Unterrichtsgegenstand einen bedeutsamen Zukunftsbezug für die Erweiterung der Problemlösefähigkeit und der Kenntnisse der Rechenverfahren als Vorbereitung für die Erweiterung des Zahlenraums auf.

---

[4] vgl. Ministerium für Schule, Jugend und Kinder des Landes Nordrhein-Westfalen (Hrsg.), S. 78.

Prinzipien	Das Prinzip der Strukturorientierung[5] unterstreicht, dass mathematische Aktivitäten häufig im Finden, Beschreiben und Begründen von Mustern bestehen. Diese entsprechen in dieser Stunde den verschiedenen Lösungsstrategien, da dort Gesetze und Beziehungen aufgedeckt werden und Vorgehensweisen entwickelt werden.

Das Übungsformat unterliegt einer Struktur, die durch verschiedene Möglichkeiten gelöst werden kann. Diese Aktivitäten zum Lösen werden dem Spiralprinzip[6] zugeordnet, da sie bereits ab dem 1. Schuljahr kontinuierlich aufgegriffen, in neue Zusammenhänge gestellt und stetig weiterentwickelt werden.

Sozialform

Durch die Einzelarbeit haben die Schüler die Chance, ihre individuellen Denkweisen und Überlegungen anzugehen. Sie nehmen sich nach ihrem Leistungsstand das entsprechende Material. Durch gemeinsame Gespräche im Reflexionskreis erfahren die Kinder andere Lösungsmöglichkeiten. Dabei lernen sie, dass es für eine Lösung mehrere Wege gibt. Auf die mathematische Fachsprache wird dabei besondere Bedeutung gelegt, da durch Gespräche Strukturen und Wissen über Zahlen und Zahlbeziehungen weiter entwickelt werden können.

Differenzierung

Differenzierungsmöglichkeiten werden in der heutigen Stunde durch zwei Schwierigkeitsstufen eröffnet, so dass die Kinder individuell nach ihrem Leistungsstand die Aufgaben lösen können. Die Vorgabe von Zahlen und Lücken im Malifanten ermöglichen diese zwei Stufen. Die Fragestellungen helfen den Kindern, das Geheimnis der Fußzahl eigenständig zu lösen.

Minimal- und Maximal- anforderung

Die Minimalanforderung besteht darin, dass alle Schüler sich mit den Fragen auseinandersetzen und versuchen durch Lösen weiterer Malifanten das „Geheimnis" zu entdecken. Sie festigen dabei ihre Rechenfertigkeit. Weiter sollten alle Kinder die Regeln eines Malifanten einhalten. Die Maximalanforderung besteht darin, dass die Schüler die Problematik verstehen und sich diesem durch Ausprobieren nähern. Sie entdecken, dass man die Fußzahl erhält, indem man die Summe der Zahlen in der Eingangszeile mit der Summe der Zahlen in der Eingangsspalte multipliziert. Dieses übertragen sie auf andere Malifanten. Somit kann man die Fußzahl als Kontrollhilfe nutzen und auch anders ermitteln. Weiter verbalisieren die Schüler ihre Vorgehensweise und Begründung und erklären sie im Reflexionskreis.

Fächerüber- greifender Bezug

Im Blick auf den fächerübergreifenden Unterricht bieten in dieser Stunde alle Phasen die Chance, den mündlichen Sprachgebrauch im Aufgabenschwerpunkt verstehendes

---

[5] vgl. Ministerium für Schule, Jugend und Kinder des Landes Nordrhein-Westfalen (Hrsg.), S. 74.
[6] ebd., S.75.

Zuhören und sachbezogenes Sprechen zu fördern.[7] Die Bedeutung der Fußzahl soll mathematisch korrekt begründet und erklärt werden. Das schriftliche Festhalten der Lösung veranlasst die Kinder ihre Gedanken mit eigenen Worten zu erfassen und zu begründen. Dieses gehört zum schriftlichen Sprachhandeln im Aufgabenschwerpunkt erzählendes, sachbezogenes Schreiben.[8] Das Erlesen der Fragen wird dem Bereich Umgang mit Texten und Medien im Aufgabenschwerpunkt informierendes Lesen[9] zugeordnet. Die Kinder müssen die Fragen sinnerfassend verstehen, um deren Lösung zu bearbeiten.

Zusätzlich wird eine Verbesserung im Umgang mit anderen Problemen, wie man sie in unserer Lebenswirklichkeit findet, durch den Ausbau der Problemlösefähigkeit ermöglicht.

[7] ebd., S.33.
[8] ebd., S.36.
[9] ebd., S.40.

Literaturverzeichnis:

- HÜTTNER, D.: Lehrerbibliothek. Besondere Übungsformen 2. Reihe: Welt der Zahl. Zugang am 04.06.2006 unter http://lbib.xalon.de/query.php?id=14958.
- MINISTERIUM FÜR SCHULE, JUGEND UND KINDER DES LANDES NORDRHEIN-WESTFALEN (Hrsg.): Deutsch, Sachunterricht, Mathematik, Musik, Kunst, Evangelische Religionslehre, Katholische Religionslehre. Grundschule. Richtlinien und Lehrpläne zur Erprobung. Frechen: Ritterbach Verlag 2003.
- RADATZ, H. / SCHIPPER, W. / U.A.: Handbuch für den Mathematikunterricht, 3. Schuljahr. Hannover: Schroedel Verlag 2000.
- WITTMANN, E. CH. & MÜLLER, G.: Handbuch produktiver Rechenübungen. Band 1. Vom Einspluseins zum Einmaleins. Stuttgart; Düsseldorf; Berlin; Leipzig: Klett Schulbuchverlag 2001.

Geplanter Stundenverlauf:

1. Handlungssituation: Einstieg	Didaktischer Kommentar	Methodischer Kommentar/ Medien
1.1 Die LAA stellt den Besuch vor.		
1.2 Die Reihen- und Stundentransparenz wird durch die LAA und die Schüler aufgegriffen.	· Rückschau auf die bisherige Unterrichtsreihe · Einordnung der Stunde in die Unterrichtsreihe · Information über den heutigen Stundenverlauf mit seinen Inhalten sowie Arbeits- und Sozialformen	· Plakate zur Reihentransparenz · Symbole an der Tafel
1.3 Die Schüler und die LAA wiederholen gemeinsam die Regeln des Malifanten.	· Einbettung in die Thematik · Bewusstmachen/ Wiederholung der Rechenregeln	· Theaterkreis vor der Tafel · Visualisierung durch großen laminierten Malifanten an der Tafel und dessen Regeln
1.4 Die LAA erteilt den Arbeitsauftrag und nennt dadurch das Ziel der Stunde. 1.5 Die Schüler wiederholen den Arbeits- und Reflexionsauftrag.	· der Arbeitsauftrag, sowie die Transparenz im Ziel der Stunde und in der unterrichtlichen Organisation der Stunde hilft den Schülern, die nachfolgende Arbeitsphase selbstständiger und geplanter zu nutzen	· Hinweis zu den Symbolen an der Tafel

Vermutetes Handlungsergebnis: Über den Ablauf der Stunde sind die Schüler informiert und haben sich das Problem und das Ziel der Stunde bewusst gemacht. Sie haben die Regeln eines Malifanten und das wichtige Fachvokabular wiederholt, welches für die Arbeit wichtig ist. Sie haben den Arbeits- und Reflexionsauftrag verstanden und beginnen nun motiviert mit der Arbeit.

2. Handlungssituation: Arbeitsphase	Didaktischer Kommentar	Methodischer Kommentar/ Medien
2.1 Die Schüler nehmen sich entsprechendes Material und beginnen auf ihrem Sitzplatz mit dem Lösen der Aufgabe.	· individuelle Materialangebote sollen der Lösungsfindung dienen	· Material: Malifanten- Arbeitsblätter in zwei Schwierigkeitsstufen
2.2 Sie überlegen, was die Fußzahl zu bedeuten hat, indem sie sich mit den Fragestellungen auseinandersetzen.	· die LAA hilft Kindern, die Schwierigkeiten haben und keine Lösung finden	
2.3 Eine gefundene Lösung und Entdeckung wird notiert und kontrolliert.	· Ergebnissicherung	· Material: Kontrollkarte
2.4 Schüler, die den Arbeitsauftrag erfolgreich gelöst haben, erhalten Zusatzaufgaben, welche sie durch Kontrollkarten selbstständig kontrollieren können.	· Zusatzaufgaben, um sich vertiefend in die Thematik einzuarbeiten	· Material: weitere differenzierte Arbeitsblätter mit Kontrollkarten
2.5 Durch ein akustisches Signal wird auf das Ende der Arbeitsphase hingewiesen.	· Ritual zur Beendigung einer Arbeitsphase, die Schüler wissen nun, dass sie ihre Arbeit beenden sollen	· Klangschale
2.6 Die Schüler kommen mit ihren Ergebnissen in den Theaterkreis.		

Vermutetes Handlungsergebnis: Die Schüler haben sich mit dem „Geheimnis" der Fußzahl der Malifanten auseinandergesetzt. Um es zu lösen, haben sie neue Malifanten bearbeitet und die Fragen dazu beantwortet. Sie haben ihre Ergebnisse und Entdeckungen auf einem Arbeitsblatt notiert, um es in der anschließenden Reflexionsphase verbalisieren zu können.

3. Handlungssituation: Reflexion	Didaktischer Kommentar	Methodischer Kommentar/ Medien
3.1 Einige Kinder präsentieren ihre Entdeckungen und ihre Vorgehensweise zur Lösungsfindung.	· Nennen der Lösung zur Bestätigung · verschiedene Möglichkeiten werden präsentiert und gemeinsam kritisch hinterfragt	· Theaterkreis vor der Tafel · Präsentation und Kritik gemeinsames Gespräch
3.2 Die LAA wiederholt das Geheimnis des Malifanten und dessen Lösungsmöglichkeiten.	· Bewusstmachen der Bedeutung der Fußzahl als Kontrollhilfe	· Material: großer laminierter Malifant an der Tafel
3.3 Eine gemeinsame Begründung für die Fußzahl wird an die Tafel geschrieben.	· Sicherung und Festigung des Gelernten	
3.4 Die LAA gibt einen Ausblick auf die nächste Stunde.	· Ausblick ermöglicht ein Lernen in Sinnzusammenhängen	· Plakate zur Reihentransparenz

Vermutetes Handlungsergebnis: Über die Bedeutung der Fußzahl und deren Begründungen wurde reflektiert. Das „Geheimnis" der Fußzahl wurde wiederholend gemeinsam erschlossen und schriftlich festgehalten. Durch dieses haben die Schüler die Bedeutung der Fußzahl angenommen und sind für die weitere Arbeit mit den Malifanten motiviert.

BEI GRIN MACHT SICH IHR
WISSEN BEZAHLT

- Wir veröffentlichen Ihre Hausarbeit,
  Bachelor- und Masterarbeit

- Ihr eigenes eBook und Buch -
  weltweit in allen wichtigen Shops

- Verdienen Sie an jedem Verkauf

Jetzt bei www.GRIN.com hochladen
und kostenlos publizieren